Bibliografische Information der Deutschen Nationalbibliothek:

Die Deutsche Bibliothek verzeichnet diese Publikation in der Deutschen National-
bibliografie; detaillierte bibliografische Daten sind im Internet über http://dnb.d-
nb.de/ abrufbar.

Impressum:

Copyright © 2008 GRIN Verlag
Druck und Bindung: Books on Demand GmbH, Norderstedt Germany
ISBN: 9783668734791

Dieses Buch bei GRIN:

https://www.grin.com/document/196961

Meike Herbers

EIB-Rollladensteuerung mit IR-Fernbedienung und Einbindung in die vorhandene Visualisierung

GRIN Verlag

Projektarbeit CD05

EIB-Rollladensteuerung mit IR-Fernbedienung und
Einbindung in die vorhandene Visualisierung

Vorgelegt von:
Meike Weber

Universität Flensburg
Berufsbildungsinstitut für Arbeit und Technik

Inhalt

Abbildungsverzeichnis

Tabellenverzeichnis

1 Aufgabenstellung

Im Laborhaus des biat befindet sich eine EIB/KNX[1]-Steuerung für die Beleuchtung, die Heizung und eine vorläufige Steuerung für die bereits vorhandenen Rollläden. Des Weiteren kann diese Steuerung mittels einer Visualisierung über das interne Netz der Universität geschaltet werden.

Im Rahmen dieses Projektes soll die vorhandene Umgebung um die endgültige Steuerung für die Rollläden erweitert und in die Visualisierung eingebunden werden, so dass auch sie aus der Ferne gesteuert werden können. Die Visualisierung soll dabei völlig neu gestaltet werden. Dazu muss der Umgang mit vier verschiedenen Softwaretools und deren Zusammenspiel studiert werden. Denn die Programmierung der Anlage, die Übersetzung der Busbefehle, die Visualisierung und das Management für die letzten beiden Komponenten werden alle in einer eigenen Software realisiert.

Außerdem soll die vorhandene Entwicklungs- und Wirkumgebung so angepasst und dokumentiert werden, dass weitere Erweiterungen leichter als bisher durchzuführen sind. Es hat bereits zwei Projekte in dieser Umgebung gegeben und damit auch zwei verschiedene Köpfe, die daran mit unterschiedlichen Gedankengängen gearbeitet haben. Diese Arbeit an der Umgebung soll dabei zusammengefasst werden. Dazu wird eine völlig neue Entwicklungsumgebung installiert, die dann als neue Grundlage für Erweiterungen dienen soll. Diese wird dann über die USB-Schnittstelle an den EIB angeschlossen werden, damit die serielle Schnittstelle immer mit dem Wirksystem verbunden bleiben kann.

---

[1] EIB / KNX – Europäischer Installationsbus / Konnex (meint ebenfalls den Installationsbus)

2 Planung des Projektes

Aus dem letzten Teil der Aufgabenstellung ergibt sich sofort, dass die wichtigsten Quellen für die Vorbereitung und Planung die Projektberichte meiner Vorgänger sind. Für weitere Informationen im Umgang mit den Softwarekomponenten dienten die Handbücher im pdf-Format, die auf den Installations-CDs zu finden sind.

Die Planung des Projektes ist an den Schritten des Projektantrages (Anhang 7.1) abzulesen. Nach der IST-Analyse wurde Literatur studiert und ein Überblick über die vorhandene Struktur gewonnen.
Als ersten Schritt soll die Entwicklungsumgebung neu aufgesetzt und lizenziert werden. Danach ist geplant, die vorhandene Steuerung in die Entwicklungsumgebung zu portieren und insoweit zu verändern, dass überall eindeutige Namen vergeben sind. Zum Abschluss dieses Schrittes soll diese Version dann am System getestet werden.
Im zweiten Schritt wird die Steuerung für die Rollläden zugefügt und in die neu zu gestaltende Visualisierung eingebunden.
Zum Abschluss wird festgehalten, was bei einer eventuellen Erweiterung des Systems zu beachten ist und wie im einzelnen vorgegangen werden sollte.

3 Durchführung des Projektes

3.1 IST-Analyse und Einarbeitung

Am 26.11.07 habe ich mit Ede Büßen eine IST-Analyse vor Ort vorgenommen, bei welcher der Projektantrag konkretisiert wurde.
Danach habe ich mich in die verschiedenen Software-Pakete im einzelnen und in das Zusammenspiel der Tools miteinander eingearbeitet. Dabei hat mir das Buch von Willi Meyer (Meyer 2005) über das Software Tool ETS, das für die Programmierung der EIB-Komponenten benötigt wird, gut geholfen. An der Erläuterung der Software wird auch das System der EIB-Architektur deutlich. In der Reihenfolge der Software-Pakete folgt als nächstes das Zusammenspiel von OPC-Server, BCON 2004 und LabView. Dabei war es zunächst schwierig den einzelnen Komponenten ihre Funktion zuzuordnen, doch die Projektberichte meiner Kommilitonen haben Abhilfe geschaffen. Danach hatte ich einen guten Überblick. Um mir diesen Überblick zu verbildlichen und festzuhalten, habe ich eine „Landkarte" angefertigt, die im Anhang 7.2 zu finden ist.

Für die Funktion und das Zusammenspiel der Komponenten der Rollladensteuerung ist ebenfalls eine Skizze angefertigt worden (Anhang 7.3). Ein detailliertes Pflichtenheft ist im Anschluss daran zu finden.

3.2   Inbetriebnahme Entwicklungsumgebung

Ein vorinstallierter PC mit Windows XP, FreePDF, UltraVNC, WinZip, Office2003, Acrobat Reader und weiteren kleinen Tools sowie die Installations-CDs wurden mir für die Entwicklungsumgebung zur Verfügung gestellt. (Benutzer: KNX, PW: biatKNX)

Nach der Installation der ETS 3.0d Software konnte diese nicht mit den zur Verfügung gestellten Lizenzen aktiviert werden. Seit dem letzten Projekt gibt es eine neue Software-Version[2] mit der Funktion, den Betrieb der Software über einen Dongle zu sichern. Die alte Version konnte nur über einen Lizenzschlüssel aktiviert werden, die für einen speziellen Rechner (Host-ID) bestellt wurde. Nun gibt es die Möglichkeit diese Lizenz mit dem Dongle (FlexID) zu verknüpfen, damit die Software auf unterschiedlichen Rechner-Varianten installiert werden kann. Die Host-ID verändert sich nämlich z.B. auch bei einer Hardwareänderung. Der Dongle ist nun an einer USB-Karte mit einem innen liegenden Slot installiert und die installierte Version ist auf diesen Dongle registriert.

Danach habe ich LabView 7.0 installiert. Der Schlüssel hierzu ist einfach bei der Installation einzugeben. LabView 7.0 ist Vorraussetzung um BCON2004i installieren zu können. Das habe ich dann im Anschluss ohne Probleme gemacht. Zum Schluss habe ich noch den OPC-Server installiert, der als ein Zusatzprogramm von der BCON-Installtations-CD ausgewählt werden kann.

BCON läuft ohne den zugehörigen Dongle nur 15 min., speichert und schließt sich dann automatisch. Es kann danach sofort wieder gestartet werden. Der Umfang der Funktionen ist aber immer vollständig.

Man könnte nun LabView 7.0 deinstallieren und LabView 7.1 installieren, um die aktuelle Version zu haben. Es ist allerdings nicht möglich, gleich die neuere Version zu installieren, da dann BCON2004i nicht installiert werden kann.

Die aktuelle Installation sieht wie folgt aus:

Software	Version	Lizenz
ETS	3.0d	*.lic
BCON	2004 Pro Release A14	
LabView	7.0	
OPC-Server	1.7	

Tab. 1: Installationsstand

---

[2] Version 3.0e

Bei der Portierung des alten Standes der Anlage in die Entwicklungsumgebung gab es keine Probleme.

Bei der ETS-Software ist darauf zu achten, dass die richtige Datenbank verwendet wird und dass darin alle Daten (auch Gruppenadressen usw.) gespeichert sind. Diese Änderungen werden immer sofort eingetragen und eine „Rückgängig-Funktion" gibt es nicht.

Als erstes wurden die Namen in der ETS-Programmierung sinnvoll, aussagekräftig und teilweise neu vergeben. Im Anhang 7.9.4 befindet sich eine Liste der Gruppenadressen und deren Bezeichnungen. Von dieser neuen Umgebung wurde eine .esf- und eine .phd-Datei erzeugt. Nach dem Öffnen des OPC-Servers ist diese neue esf-Datei auszuwählen.

Nach der Übernahme des BCON-Projektes in die Entwicklungsumgebung (Pfad: C:\BCON-Hauslabor) wurden hier zuerst der Pfad und der Ordnername des Projektes verändert. Dazu müssen in der .xml-Datei aus dem Config-Ordner des Projektes alle Pfadangaben angepasst werden. Danach wurde einmalig über den Client-Konfigurator der OPC-Server neu integriert. Diese Informationen der Verknüpfung liegen in der Datei .osf im Config-Ordner des Projektes. Die txt-Datei, die dabei erzeugt wird, wird ebenfalls für das Zusammenspiel der Software-Tools benötigt. Damit ist nun der OPC-Server „Mittelsmann" zwischen dem EIB-Bus und der Visualisierung. Um die Visualisierung mit dem EIB-Bus zu verbinden, mussten noch die Indexeinträge aus dem Objekt-Editor (BCON) mit den Index-Nummern der OPC-Objekte in der Visualisierungsprogrammierung (LabView) abgestimmt werden.

So ausgestattet war die Entwicklungsumgebung vollständig angepasst. Eine detaillierte Beschreibung dieses Vorgehens befindet sich mit Screenshots in dem Projektbericht von Udo Schirmacher.

3.3 Programmierung

3.3.1 Rollladensteuerung (ETS)

An der Rollladensteuerung sind der Rollladenaktor, der Dekoder der Fernbedienung, die Fernbedienung selbst und die Alarmanlage beteiligt. (siehe Schaubild A-2 im Anhang 7.3)

Da die Geräte bereits in dem ETS-Projekt importiert waren, habe ich gleich mit der Parametrisierung des Rollladenaktors begonnen. Hier ist in der Karte „Allgemein" nur die Betriebsart einzustellen. Ich habe den 4-Kanalbetrieb gewählt, damit eine Erweiterung mit weiteren Rollläden leichter fällt. Bei Busspannungsabfall ist keine Reaktion ausgewählt worden. Darauf folgen die vier Ausgänge des Aktors. Hier muss für jeden Ausgang die Dauer der Kurzzeit-, der Langzeitfahrt und der Pause bei Richtungswechsel angegeben werden. Die Handbedienung ist durch die Parametrisierung ausgeschlossen. Auf der letzten Karte bietet der Rollladenaktor die Möglichkeit einer Sicherheitsverriegelung die z.B. beim einschalten der Alarmanlage genutzt werden kann. Die Rollläden fahren dann herunter und verriegeln in der Endposition, bis die Alarmanlage wieder ausgeschaltet wird. Diese Funktion wurde auch einmal getestet und funktioniert einwandfrei. Da aber die Rollläden bei gutem Wetter auch aus der Ferne über die Visualisierung hochgefahren werden können sollen, ist diese Realisierungsmöglichkeit hier nicht geeignet.

Die Konfiguration des Dekoders war dann die Nächste. Es sind insgesamt 22 verschiedene Konfigurationen programmierbar. Ich habe für die Konfigurationen 0-3 die lange Fahrt der Ausgänge 1-4 festgelegt. Dazu muss man die Kanalnummer der Wippe auf der Fernbedienung, die Funktion (Jalousie Auf/Ab) und den Objekttyp (hier 1 Bit) angeben. Die Konfigurationen 4-7 sind für die kurze Fahrt mit der Funktion „Jalousie Lamellen Auf/Ab" und den gleichen Kanalnummern festgelegt. Mit den Konfigurationen 8-11 wurde das Schalten des Lichtes (Funktion Schalten Ein/Aus) im Seminarraum realisiert.

Damit sind alle erforderlichen Einstellungen an den Geräten vorgenommen. Nun müssen die soeben parametrisierten Objekte den Gruppenadressen zugeordnet werden, damit die gewünschte Funktion erfüllt wird. Dazu sind die Gruppenadressen 2.0.8 – 2.0.15 vorgesehen.

Abb. 1: Gruppenadressen Rollladensteuerung

Einer kurzen Fahrt werden der Ausgang des Aktors und die entsprechende Konfiguration des Dekoders zugeordnet. Zum Beispiel hat die Gruppenadresse 2.0.8 (Rollladen Foyer Kurz) die physikalischen Adressen 0.0.10/Objekt 0 (Ausgang 1 des Rollladenaktors) und 0.0.12/Objekt 4 (4. Konfiguration des Dekoders) zugeordnet. Haben alle Gruppenadressen ihre zugehörigen Funktionen und Objekte erhalten, sind alle gewünschten Funktionen realisiert. Eine komplette Liste dieser Zuordnungen ist ebenfalls im Anhang („Group Addresses Detail.pdf") zu finden.

3.3.2 Visualisierung (LabView)

Für die Gestaltung der Oberfläche in der Visualisierung musste zunächst noch recherchiert werden, ob es Vorschriften oder Normen gibt, die es zu beachten gilt. Nachdem ausgeschlossen werden konnte, dass dies der Fall ist, wurde die Oberfläche komplett neu nach Kundenwunsch gestaltet (im Frontpanel) und verdrahtet (im Blockdiagramm). Dazu wurde der Entwicklungs-PC wieder an die Universität transportiert.

Als erstes wurde die Oberflächengestaltung in Angriff genommen, da erst danach die neuen Buttons, Schalter und LEDs im Blockdiagramm zur Verfügung stehen. Außerdem konnten so am besten erste Erfahrungen im Umgang mit LabView gesammelt werden.

Aus dem Online-Katalog von Siemens wurden hierzu Abbildungen der Schalter ausgewählt und in den Grundriss eingefügt. Für die Darstellung der Heizung suchte Herr Büßen ebenfalls ein Bild aus dem Online-Katalog aus. Eine Abbildung der Fernbedienung liegt nun quer am unteren Rand der Oberfläche. Sämtliche Buttons für die Bedienung der Oberfläche wurden (teilweise transparent) über das neue Grundrissbild gelegt. Für die Anzeige der Ist-Temperatur wurde das von LabView zur Verfügung stehende Thermometer gewählt. Der Zustand der Leuchten (an/aus) wird weiterhin durch eine LED dargestellt. Für die Rolladensteuerung wurde im Pflichtenheft (Anhang 7.3) festgelegt, dass eine LED für den Zustand der Rollladen (geöffnet / geschlossen) und eine weitere für die Anzeige, ob eine kurze Fahrt stattgefunden hat, zuständig ist.

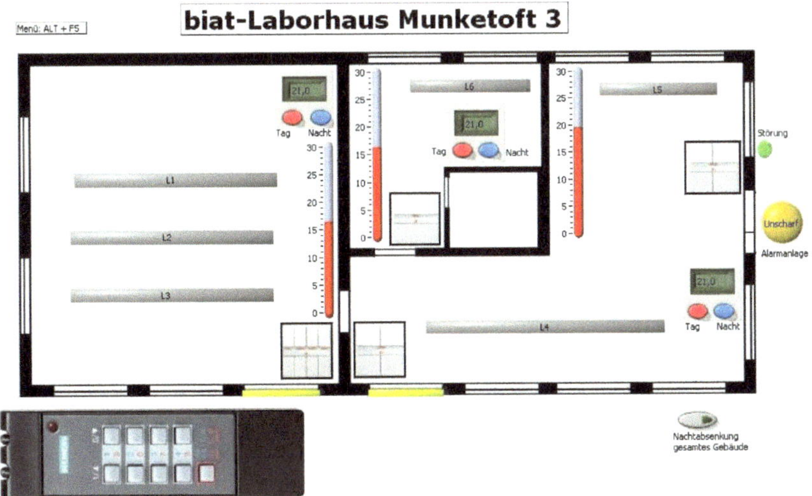

Abb. 2: Oberfläche der Visualisierung

Nachdem die Oberfläche neu gestaltet war und alle Bedien- und Anzeigeelemente auf dem Frontpanel eingefügt waren, wurde die Verdrahtung der Heizungselemente wieder hergestellt. Bei der Verdrahtung der Beleuchtung entstand das erste Problem. Die Leuchten im Seminarraum sollten nun über vier verschiedene Buttons geschaltet werden können. Im BCON Benutzerhandbuch (BCON-Benutzerhandbuch, S. 190) fand ich dazu einen Abschnitt, der beschrieb, wie man Buttons transparent gestaltet, um diesen über die LED zu legen. (Anhang 7.6) Als schwierigste Funktion entpuppte sich dabei die Funktion des Schaltens bei einem Klick auf die LED selbst, da der eigene Zustand dabei berücksichtigt werden muss und dieses in LabView als Datenfluss-Programm nicht so einfach zu realisieren ist. Nach einigem Suchen und Recherchieren im Internet, speziell im LabView-Forum[3], ergaben sich zwei Möglichkeiten, um eine Rückkopplung zu realisieren. Diese sind im Anhang 7.6 erläutert. Ich habe mich für die Variante mit den Eigenschaftsknoten entschieden, da sie für mich eingängiger ist, weil dann alle Eingänge links liegen können und der Ausgang rechts bleibt. Die Variante, die Rückkopplung mit einer lokalen Variable zu realisieren, wäre genauso gut möglich gewesen.

Die Verdrahtung der Steuerung der Rollläden und der Beleuchtung für den Seminarraum über die Fernbedienung wurde mit Hilfe eines FlipFlops realisiert. Dieses hält den Zustand des Shift-Buttons der Fernbedienung fest.

Nachdem alle neuen Verdrahtungen erstellt waren, wurde das Projekt über Netzwerk mit UltraVNC auf den Server im Munketoft übertragen. Bei diesem ersten Test lief die Visualisierung zwar, jedoch war es nicht möglich die Beleuchtung oder die Rollläden zu steuern. Nur die Anzeige, ob Licht an war oder nicht, funktionierte einwandfrei. Steuerbar war einzig die Heizung und zusätzlich wurde die Temperatur richtig angezeigt. Viele Recherchen im Internet und Foren ergaben unterschiedliche Hinweise – vor allem, dass die Umgebung unübersichtlich und untypisch für LabView programmiert war. Nach einigen Tagen mit unterschiedlichen Versuchen brachten wir die Entwicklungsumgebung wieder in das Laborhaus, um vor Ort zu testen. Der Verdacht war, dass die unterschiedlichen Betriebssysteme von Entwicklungsumgebung und Wirksystem wieder[4] ein Problem darstellten. Doch auch vor Ort konnte das Licht mit der Entwicklungsumgebung am Bus nicht gesteuert werden. Daraufhin wurden nur ein Schalter, ein OPC-Objekt und eine LED in das Projekt eingebaut und getestet. Nach einigen Veränderungen Schritt für Schritt stellte sich heraus, dass der Eingang „Berechtigung prüfen" am OPC-Objekt mit einer konstanten Null, also einer False-Konstante, belegt werden muss, damit die LED geschaltet werden konnte.

---

[3] www.labviewforum.de

[4] Wie bereits bei dem Projekt von Udo Schirmacher

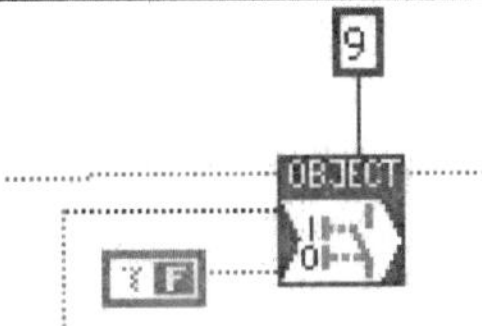

Abb. 3: Prüfen der Berechtigung

Des Weiteren wurde nun im Objekt-Editor von BCON eingestellt, dass alle wichtigen Objekte beim Projektstart eingelesen werden sollen. So bekommt man schnell eine Rückmeldung, welche Leuchte z.B. eingeschaltet ist und welche Temperatur gerade vorherrscht.

Das nächste Problem bürgte die Visualisierung der Rollladensteuerung. Die Darstellung der langen Fahrt stellte kein Problem dar. Sowie die Rollläden ganz geschlossen oder ganz geöffnet wurden, gab es einen gelben bzw. schwarzen Balken vor den entsprechenden Fenstern. Die Realisierung der kurzen Fahrt gestaltete sich in sofern schwierig, als dass die OPC-Objekte nur Pegel (true/false) ausgeben, aber keine Mitteilung darüber machen, ob ein weiteres Telegramm auf dem Bus gesendet wurde. Es gibt kein OPC-Objekt, das den Zeitstempel im OPC-Server abfragen kann und daraufhin ein Ereignis auslöst. Nach einigem Suchen und Ausprobieren, fiel das Objekt Multi-Listener auf, das einen boolschen Ausgang hat, der bei Ankunft eines neuen Telegramms schaltet. Dieses Objekt ist eigentlich dafür da, mehrere OPC-Indexe abzufragen, weshalb am Eingang auch ein Array erwartet wird. Nachdem die Funktion, ein Array zu erstellen, gefunden war, musste nun noch eine Möglichkeit gefunden werden, diese Information am Ausgang über ein neues Telegramm zu speichern und weiter zu verarbeiten.

Im Internet fand ich in verschiedenen Foren (siehe oben) Beispiele, wie ein RS-FlipFlop mit zwei ineinander liegenden While-Schleifen realisiert werden kann. Nach einigen Modifikationen war somit auch diese Hürde überwunden, so dass die Visualisierung wie gewünscht übergeben werden kann.

Zuletzt wurde die Alarmanlage so eingestellt, dass die Anzeige (scharf / unscharf) in der Visualisierung richtig ist. Dazu wurde mit Hilfe der Dokumentation des Tasters die Konfiguration in ETS angepasst und in die Anlage programmiert. Dazu sendet der Taster nun alle 3 Sekunden seinen Zustand zyklisch an den BCON-Server. Dadurch ist die Bus-Belastung relativ hoch, was bei einem weiteren Projekt angepasst werden könnte. Die Visualisierung zeigt nun den richtigen Zustand der Alarmanlage an.

4 Inbetriebnahme

Nachdem die Visualisierung auf das Wirksystem übertragen war, stelle sich heraus, dass der Web-Server nicht mehr lief und aus dem Intranet heraus nicht mehr auf die Visualisierung zugegriffen werden konnte. Hier musste nun nach den richtigen Einstellungen gesucht werden, da diese nicht gut dokumentiert waren. Zunächst muss der IIS[5]-Dienst in den Windows-Diensten gestoppt werden. Außerdem müssen alle Einstellungen, die im Anhang 7.5 zu finden sind, unter BCON gemacht werden, damit der Zugriff auf die Visualisierung wieder möglich ist.

5 Fazit

Die Abwicklung des Projektes gelang bis zur Realisierung der neuen Visualisierung zügig und ohne Probleme. Die ETS-Programmierung war mit Hilfe des Buches von Meyer (Meyer 2005) leicht zu durchschauen, nachzuvollziehen und durchzuführen. Die Denkwelt der Lab-View-Software hat sich mir bis heute noch nicht vollständig offenbart, doch habe ich viele interessante Einblicke in die Grundzüge gewinnen können. Insgesamt hat sich die gesamte Durchführung auch durch meine zwischengeschobene Examensarbeit auf einen weiteren Monat als vorgesehen gestreckt. Die reine Arbeitszeit vor Ort möchte ich auf ca. fünfzehn bis zwanzig Arbeitstage abschätzen.

Insgesamt war es eine interessante Projektarbeit mit vielen unterschiedlichen Aspekten, in die es sich hineinzudenken galt. Als ein anschließendes Projekt könnte ich mir die Neustrukturierung des Blockdiagramms in LabView vorstellen. Dabei sollte sich jemand im Rahmen eines CD04-Projektes beschäftigen, der sich bereits mit LabView auskennt.

---

[5] IIS – Internet Information Service

6   Quellen

Echrichsen, Claus: Visualisierung und Überwachung der busgestützten gebäudetechnischen Anlagen im biat E-Laborhaus sowie Integration einer einfachen Interbus Anwendung, Semesterarbeit Universität Flensburg, 2005

Meyer, Willi: EIB Tool Software. München/Heidelberg: Hüthig und Pflaum Verlag, 2005

Jensen, Michael: Visualisierung einer EIB-Projektierung mit OPC-Server, Semesterarbeit Universität Flensburg, 2002

Jensen, Michael/ Mester, Frank: Projektbericht zur Installation, Visualisierung und Fernbedienung einer EIB-Anwendung Teil 2: Projektierung, Visualisierung und Programmierung, Semesterarbeit Universität Flensburg, 2004

Schirmacher, Udo: Projektieren einer Heizungssteuerung für das E-Laborhaus mit EIB-Steuerung und Fernsteuermöglichkeit über das Internet, Semesterarbeit Universität Flensburg, 2007

Dateien auf der Entwicklungsumgebung im Ordner Eigene Dateien

Forum: www.labviewforum.de (09.04.2008)

7 Anlagen

7.1 Projektantrag

Berufsbildungsinstitut Arbeit und Technik
Antrag auf Genehmigung eines CD-Projektauftrages

Name:	Meike Weber
Email-Adresse:	███████████████
Projektbeginn:	26.11.2007
Abgabetermin:	26.02.2007
Projektthema: CD 04 ( ) CD 05 (x) bitte ankreuzen!	EIB – Rolladensteuerung mit IR-Fernsteuerung und Einbindung in vorhandene Visualisierung
Projektbetreuer:	██████████████████

Konkretisierung der Projektaufgabe

Projektumfeld:	Vorhandene Struktur der EIB-Installation im Hauslabor am Munketoft.
Arbeitsschritt 1:	IST-Analyse vor Ort (26.11.2007) Hardware, Software, Funktion und Dokumentation
Arbeitsschritt 2:	Einarbeitung in die verschiedenen Themenbereiche: EIB, ETS-Software, BCON/ LabView, OPC-Server
Arbeitsschritt 3:	Neuinstallation der Entwicklungsumgebung mit aussagekräftigen Variablennamen
Arbeitsschritt 4:	Programmierung und Einbindung der Rolladensteuerung mit Fernbedienung ins Gesamtsystem über USB-Schnittstelle
Arbeitsschritt 5:	Erweitern, anpassen und vervollständigen der vorhandenen Dokumentation des Gesamtsystems

Abb. A - 1: Projektantrag

7.2 „Landkarte" Projektumgebung

LabView über Serien-nummer, Version 7.1 kann nach Inst. von BCON inst. werden.	**LabView** Programmiert über vorgegebene Objekte die Visualisierungssteuerung Verbindung zu den Komponenten über die Objektlistenindex

Indexeintrag in Objektliste ist Verbindung

BCON 2004 setzt bei Inst. LabView 7.0 voraus	**BCON** Zentrales Projekt für die Visualisierung muss angelegt werden.Hierüber findet dann das Management für die Visualisierung mit LabView statt. mit Client-Konfigurator wird der OPC-Server eingebunden. (Die OPC-Server Daten werden in der *.osf-Datei / *Txt-Datei im Config-Ordner des Projektes gespeichert) Pfade des BCON-Projektes im Config-Ordner in der *.xml-Datei neue Items können in der Objektliste hinzugefügt werden (Über diese Liste findet LabView die richtigen Komponenten) Pfad des Projektes : C:\ und nicht zu lang

Client-Konfigurator richtet BCON als Client
für den OPC-Server ein

Nach Inst. von BCON von gleicher Inst.-CD installier-bar	**OPC-Server** übersetzt gesamte EIB-Kommunikation für Visualisierung dazu: öffnen der *.esf-Datei (die letzte die offen war, wird beim Neustart immer wieder geöffnet)

Exportfiles: *.esf / *.phd

Lizenziert durch einen Schlüssel der im Dongle registriert wird	**ETS 3.0 Professional** Datenbankdatei (eib.db) enthält alle Daten (Gruppenadressen,…), die bei Ände-rung auch ohne Speicherung unwiderruflich geändert sind. History-Eintrag bei wichtigen Änderungen vornehmen! (Aufforderung erscheint bei Beendigung des Programms) Erstellung der *.phd /*.esf - Datei mit Datei/Kommunikation mit OPC-Server

programmiert

EIB-Bus (über serielle oder USB-Schnittstelle) mit allen Komponenten verbunden

Tab. A - 1: „Landkarte" Projektumgebung

7.3   Pflichtenheft Rolladensteuerung und Visualisierung

Die Rollladensteuerung arbeitet, wie in folgender Abbildung dargestellt.

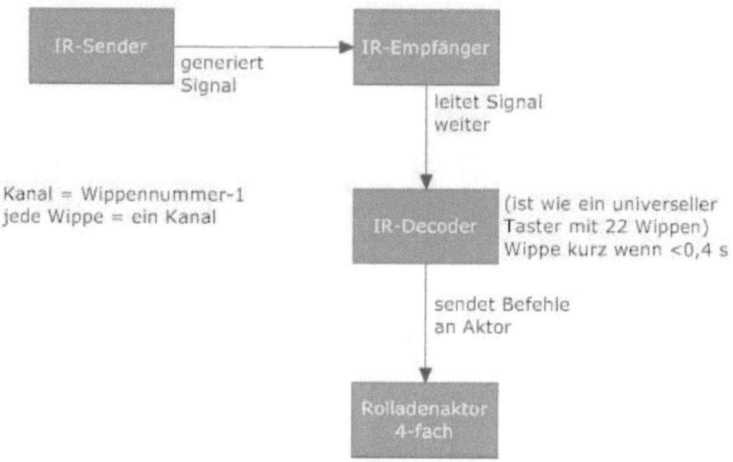

Abb. A - 2: Zusammenspiel der Komponenten der Rolladensteuerung

Es werden die folgenden **Funktionen** für die Rollladensteuerung über ETS realisiert:

- Alarmanlage an → Rollladen gehen zu
- Alarmanlage aus → Rollladen gehen auf
- Steuerung der Rollläden über die Fernbedienung (erste Ebene)
- Dabei entspricht der kurze Druck auf eine Taste einer kurzen Fahrt und der lange Druck einer langen Fahrt (ganz geöffnet oder ganz geschlossen)
- Kurze Laufzeit der Rollläden nur ca. 1 sek.
- Rollläden einzeln aus der Ferne über Visualisierung steuerbar (nur lange Fahrt), auch wenn Alarmanlage scharf geschaltet
- Weitere Funktionen mit der zweiten Ebene der Fernbedienung steuerbar (Beleuchtung im Seminarraum)

Für eine Dokumentation der Funktionen der Geräte verweise ich auf die Handbücher der Herstellerfirmen, die sehr gut sind.

In der **Visualisierung** soll die lange Fahrt der Rollläden so angezeigt werden, dass ein LED-Balken vor dem entsprechenden Fenster gelb wird, wenn der Rollladen nach oben gefahren ist (lange Fahrt) und schwarz wird, wenn der Rollladen nach unten gefahren ist (lange Fahrt). Diese lange Fahrt kann über die Abbildung der Fernbedienung (LED ist aus) gesteuert werden. Die Anzeige der kurzen Fahrt des Rollladens soll über einen weiteren LED-Balken über dem der langen Fahrt visualisiert werden. Dieser soll bei jeder kurzen Fahrt (egal ob nach oben oder nach unten) den Balken der langen Fahrt grau überdecken, um anzuzeigen, dass die Rolllade halb geschlossen ist. Wenn wieder eine lange Fahrt ausgelöst wird, soll der Balken transparent werden.

Über die Abbildung der Fernbedienung soll auch das Licht (LED ist aktiv) geschaltet werden können. Außerdem soll bei einem Klick auf die LEDs, welche die Leuchten repräsentieren, das Licht geschaltet werden können. Daraus ergibt sich, dass die Verdrahtung der Beleuchtung völlig überarbeitet werden muss.

Außerdem soll die Oberfläche der Visualisierung neu gestaltet werden. Der Grundriss soll dabei erhalten bleiben, jedoch sollen andere Lichtschalter verwendet werden. Die Heizung soll ein anderes Aussehen erhalten und die Fernbedienung in die Oberfläche eingearbeitet werden.

7.4 Gruppenadressen und Aufbau in ETS

Für die Dokumentation des Aufbaus und der Vergabe der Gruppen- und physikalischen Adressen mögen vor allem die PDF-Dateien im Anhang dienen. Hier nur einige Screenshots zur Orientierung.

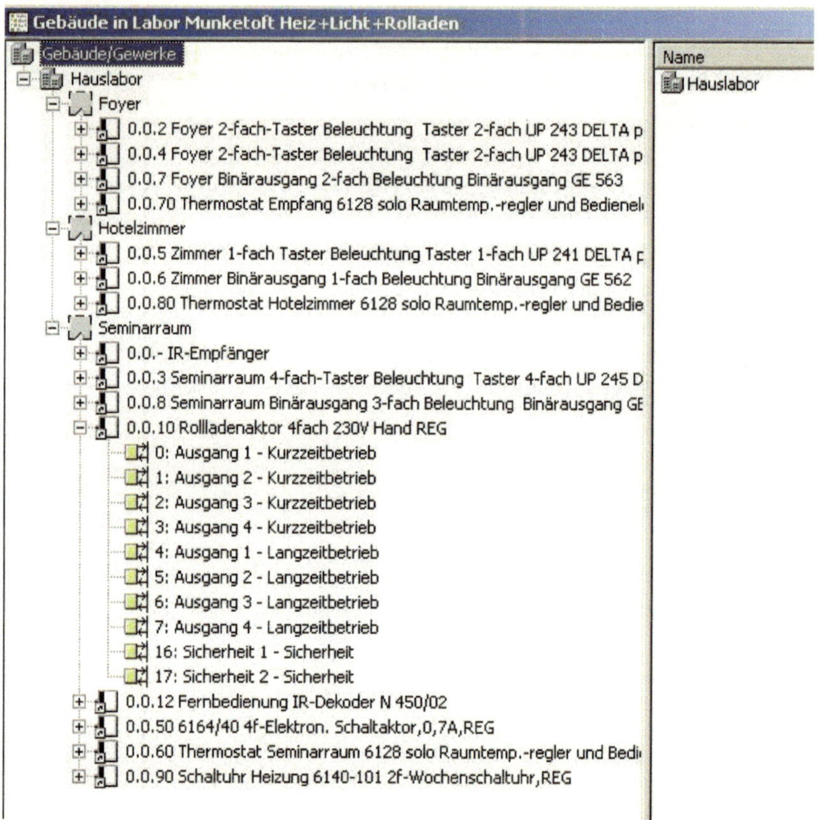

Abb. A - 3: Gebäudeaufteilung ETS

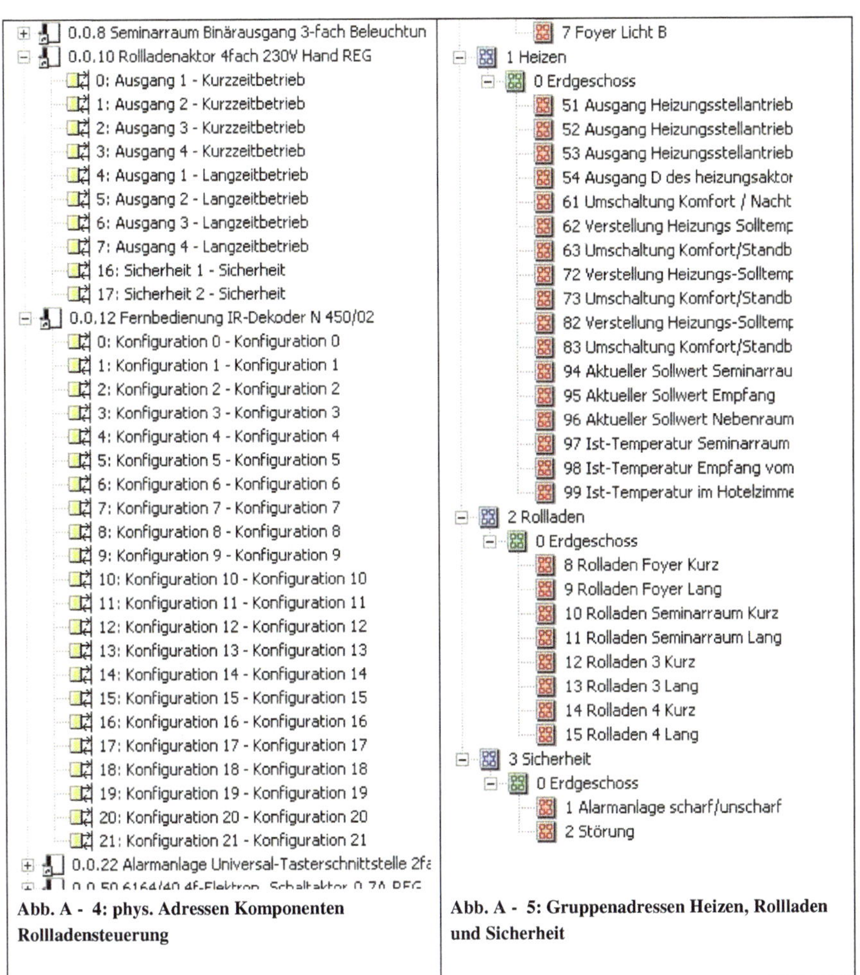

Abb. A - 4: phys. Adressen Komponenten Rollladensteuerung

Abb. A - 5: Gruppenadressen Heizen, Rollladen und Sicherheit

7.5 BCON Tipps & Tricks

Um das **Start-VI** auszuwählen, klickt man in der BCON-Systemsteuerung auf „Einstellungen → Allgemein…" und wählt dann die Karte Tasks ganz rechts. Ganz unten kann man nun das Start-VI aus denjenigen VIs auswählen, die im Ordner Sites der Projekt-Struktur liegen. Die Version dieses Projektes heißt laborhaus-aktuell.vi.

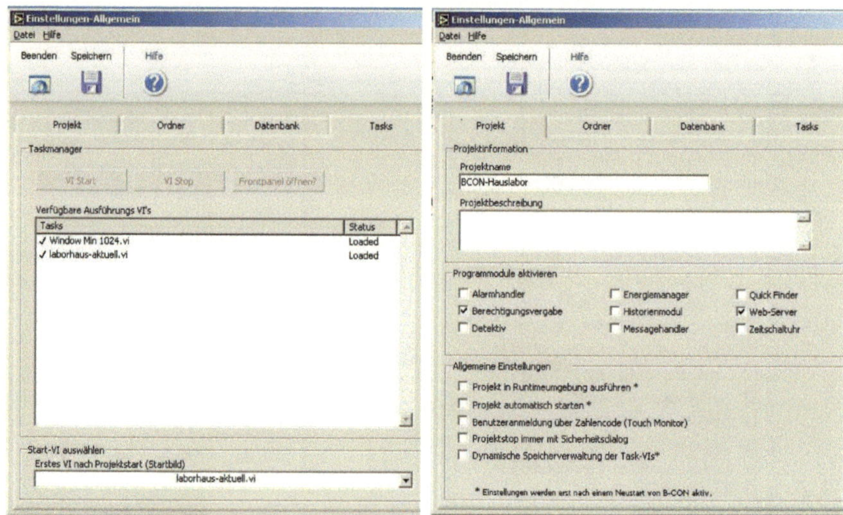

Abb. A - 6: Karte Tasks   Abb. A - 7: Karte Projekt

Den **Web-Server** aktiviert man über „Programmmodule → Web-Server…" in der ersten Karteikarte:

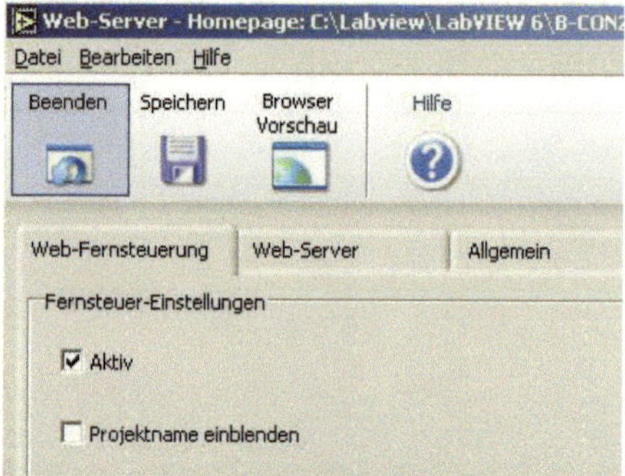

Abb. A - 8: Web-Fernsteuerung

Des Weiteren muss das VI ausgewählt werden, dass angezeigt und steuerbar sein darf:

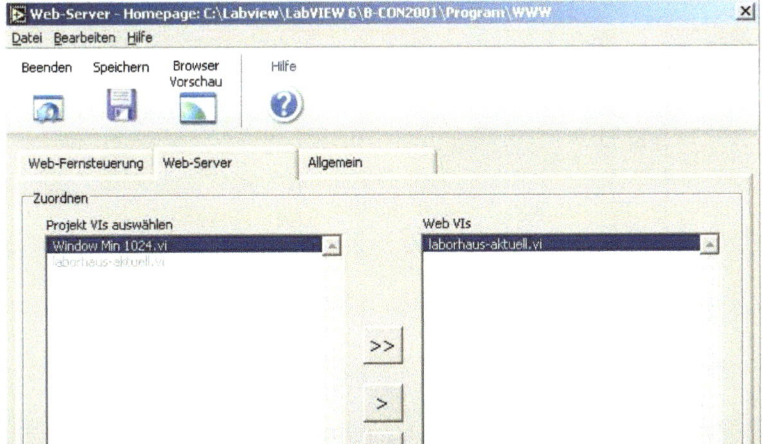

Abb. A - 9: VI im Web-Server auswählen

Im Ordner C:\BCON-Hauslabor\www der BCON-Projekt-Struktur werden dann die htm-Dateien erzeugt.

Über die **Objektliste** kann man Werte auf den Bus schreiben und auslesen. Das kann bei der Fehlersuche sehr behilflich sein.

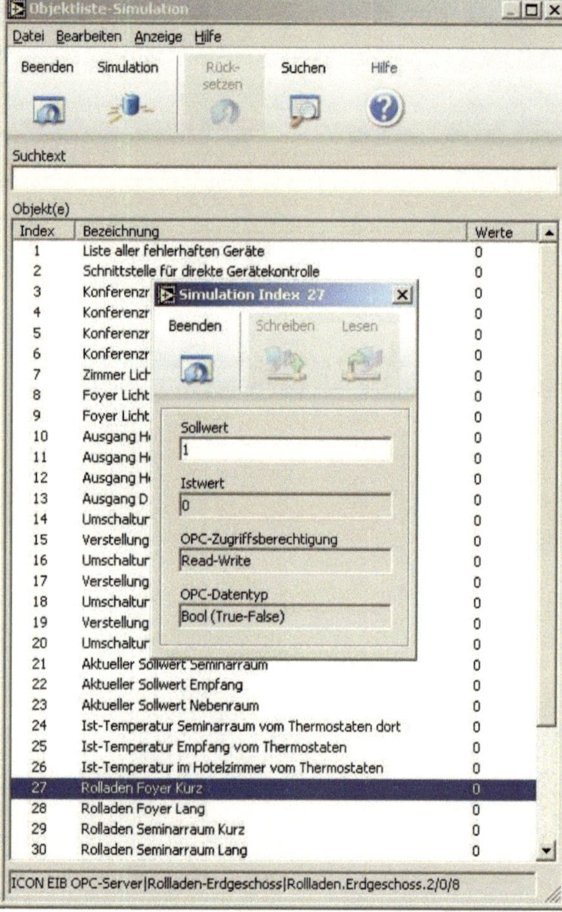

Abb. A - 10: Objektliste – Simulation von BCON aus

7.6 LabView Tipps & Tricks

Die Programmierung von LabView geschieht grundsätzlich in **zwei Ebenen**:

Die Gestaltung der Oberfläche mit ihren Buttons und Bildern geschieht im **Frontpanel**. Mit einem Rechtsklick auf die Oberfläche erscheint die Funktionenpalette, die alle Buttons, Objekte usw. enthält.

Für die Programmierung der Funktionen ist das **Blockdiagramm** zuständig, in das man entweder mit strg-E oder über „Fenster → Blockdiagramm" gelangen kann.

Die **Werkzeugpalette** enthält wichtige Funktionen z.B. zur Verdrahtung, Verschiebung, Markierung und Farbgebung und lässt sich unter „Fenster → Werkzeugpalette…" finden. Ist der Querbalken innerhalb dieser Palette oben hellgrün, ist die automatische Wahl der Werkzeuge aktiviert (default). Klickt man auf diesen Balken, ist diese automatische Wahl deaktiviert und man wählt die Werkzeuge aus der Palette selbst.

Um **Buttons transparent** zu gestalten, wählt man aus der Werkzeugpalette den Pinsel (ganz unten) aus. Hier können nun zwei „Farben" eingestellt werden: die vordere ist die Farbe, die der Button hat, wenn er nicht aktiv ist und die hintere ist für die Farbe, beim bzw. nach dem Klick (je nach Schaltverhalten). Die Farbe wählt man, in dem man mit der rechten Maustaste auf das Kästchen klickt. Die Transparenz ist ganz oben rechts in der Ecke mittels dem kleinen „T" auszuwählen.

Rückkopplung

Zum einen ist es möglich den Zustand der Leuchte über einen Eigenschaftsknoten abzufragen.

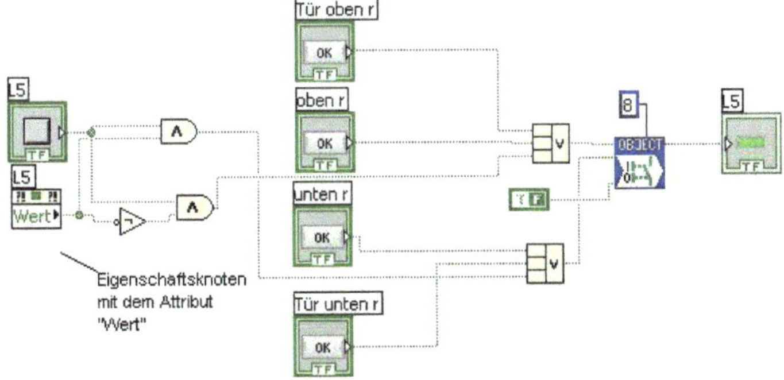

Abb. A - 11: Eigenschaftsknoten

Zum anderen kann der Zustand der Leuchte über eine lokale Variable verändert werden. Einen **Eigenschaftsknoten** oder eine **lokale Variable** erstellt man, in dem man im Blockdiagramm auf das entsprechende Bedien- oder Anzeigeelement einen Rechtsklick macht und dann Erstelle → ... auswählt.

Die **Kommunikation mit dem OPC-Server** und damit mit dem EIB-Bus geschieht über die Objekte, die mit dem Index versehen werden, an dessen Stelle das bestimmte Objekt in der Objektliste des BCON-Servers steht. Bei der Realisierung dieses Projektes wurden das folgende Objekt Schreiben/Lesen, das Listener-Objekt und das Multi-Objekt verwendet.

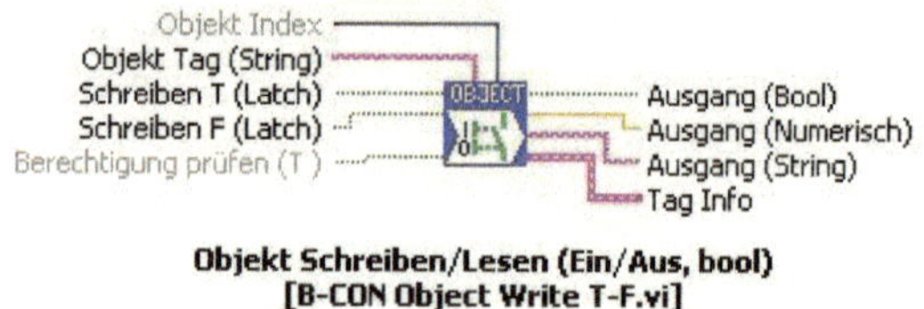

Abb. A - 12: Hilfe OPC-Kommunikationsobjekt

Jeder Button hat ein eigenes **Schaltverhalten**. Mit ihm bestimmt man, welche Signale im Blockdiagramm verarbeitet werden können. Zunächst wird zwischen einem „Latch" (Impuls) und einem „Switch" (Schalten) unterschieden. Dann können jeweils drei Varianten gewählt werden, wann das Schalten oder der Impuls ausgelöst werden soll. Für einen „OK"-Button hat sich in diesem Projekt das Verhalten „Latch, wenn losgelassen" am besten bewährt.

Die einzige **debug-Möglichkeit** in LabView ist der Highlight-Modus. Hierzu wird im Blockdiagramm die Lampe in der Symbolleiste angeklickt und das Programm auf dem Pfeil ganz links in der Symbolleiste gestartet. Man kann nun die „Einsen" und „Nullen" auf ihrem Weg durch die Gatter verfolgen.

Viele Vorgänge werden in LabView mit einer **While-Schleife** realisiert. Bei einer Neugestaltung des Blockdiagramms macht es sicher Sinn, diese zu verwenden. Ich habe mich damit nicht weiter auseinander gesetzt, da die bisherige Struktur (scheinbar eine State-Machine) auch seine Berechtigung zu haben scheint. Ist aber wohl eher unüblich bei einem solch großen Umfang der Funktionen innerhalb eines (Strukturelement-) Blocks. Ich habe bei meinen Recherchen oft andere Programmierarten gesehen, so dass ich denke, dass dieses Vorgehen, nicht typisch für LabView ist.

Bei der Realisierung der Rollladenvisualisierung hat sie allerdings gute Dienste geleistet. Über den Schleifen Zähler, kann man eine Abbruchbedingung schaffen, wenn man ihn mit einer gewünschten Zahl (numerische Konstante) vergleicht wie in der Abbildung zu sehen.

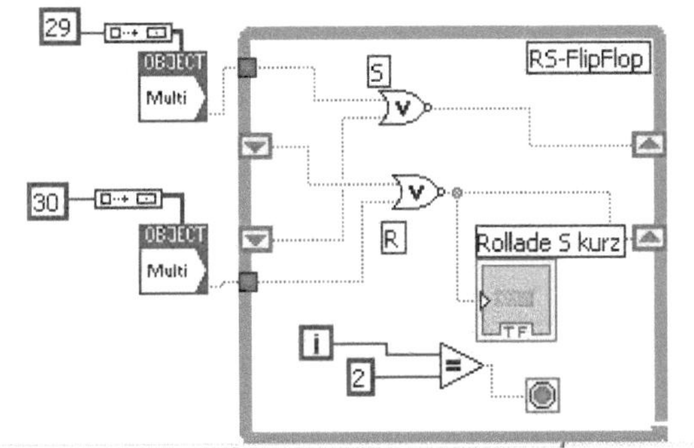

Abb. A - 13: Visualisierung Rolladensteuerung kurz

7.7 Vorgehensweise bei einer anstehenden Erweiterung

In der Dokumentation von Udo Schirmacher im Abschnitt „ETS3: EIB-Programmier-software" (Schirmacher 2007, S. 25) ist die Vorgehensweise wie ein Gerät hinzugefügt und in die bestehenden Funktionen eingegliedert wird so gut beschrieben, dass es hier keinerlei weiterer Erläuterungen bedarf. Der nächste Schritt – die Übermittlung der neuen Daten in den OPC-Server – ist im Abschnitt „OPC-Server" (Schirmacher 2007, S. 39) sehr gut erläutert. Darauf folgt die Einbindung der neuen Objekte in den Objekt-Editor und auch diese Vorgehensweise ist gut beschrieben. Zum einen findet man einen Abschnitt bei Udo Schirmacher „BCON 2004" (Schirmacher 2007, S. 42) und bei Michael Jensen unter dem Abschnitt sechs(Jensen 2002, S. 7). Bei einer Erweiterung um weitere Rollläden können die entsprechenden Abschnitte in LabView kopiert werden. Bei anderen Erweiterungen empfehle ich, ein gutes Grundlagenbuch über LabView anzuschaffen, das sich auch mit der Visualisierung von Gebäuden und mit der Verbindung über OPC-Server beschäftigt. Das mitgelieferte Handbuch ist dazu wenig bis gar nicht geeignet.

7.8 Datensicherung Gesamtsystem

Zunächst eine Übersicht über die Struktur des Ordners Eigene Dateien des Benutzers KNX:

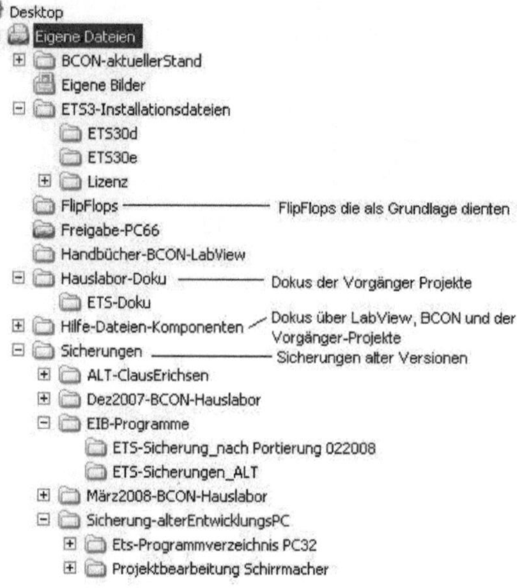

Abb. A - 14: Struktur Eigene Dateien

Die Datensicherung liegt im Ordner Eigene Dateien\Sicherungen des Benutzers KNX. Hier werden die wichtigen Daten, die für eine neue Sicherung erstellt werden sollten, aufgelistet:

- ETS
    - Unter Menü Datei → Export… eine Datei mit der Endung .pr4 erzeugen
    - Für den OPC-Server im Menü Datei → Datenaustausch … die Option Export zum OPC-Server auswählen. Hierbei wird eine .esf und eine .phd Datei erstellt
- OPCServer
    - Die Sicherung geschieht hier automatisch beim schließen im Ordner des BCON-Projektes C:\BCON-Hauslabor\config in der .osf und der .txt Datei
- BCON
    - Für eine Sicherung des Projektes muss der gesamte Ordner C:\BCON-Hauslabor gesichert werden
- LabView
    - Die Datei mit der Oberfläche und dem Blockdiagramm für LabView ist die Datei laborhaus_aktuell.vi im Ordner C:\BCON-Hauslabor\Sites